MAX VALIER
DER VORSTOSS
IN DEN WELTENRAUM
EINE TECHNISCHE MÖGLICHKEIT?

R · OLDENBOURG-VERLAG
MÜNCHEN-BERLIN

www.ingramcontent.com/pod-product-compliance
Lightning Source LLC
Chambersburg PA
CBHW030744200526
45160CB00008B/25